探究金钱语言ABC

财商教育编写中心 编

四川人民出版社

图书在版编目（CIP）数据

探究金钱语言ABC／财商教育编写中心编．－成都：四川人民出版社，2016.4
（金钥匙系列）
ISBN 978-7-220-09770-6

Ⅰ．①探… Ⅱ．①财… Ⅲ．①货币－儿童读物

Ⅳ．① F82-49

中国版本图书馆 CIP 数据核字 (2016) 第 029729 号

TANJIU JINQIAN YUYAN ABC

探究金钱语言 ABC

财商教育编写中心 编

责任编辑	江　澄
特约编辑	张　芹
封面设计	朱　红
责任校对	蓝　海
版式设计	乐阅文化
责任印制	聂　敏

出版发行	四川人民出版社　（成都槐树街2号）
网　址	http://www.scpph.com
E-mail	scrmcbs@sina.com
新浪微博	@ 四川人民出版社
微信公众号	四川人民出版社
发行部业务电话	（028）86259624　86259453
防盗版举报电话	（028）86259624
照　排	北京乐阅文化有限责任公司
印　刷	三河市三佳印刷装订有限公司
成品尺寸	190mm×247mm
印　张	9.25
字　数	150 千字
版　次	2016 年 4 月第 1 版
印　次	2016 年 4 月第 1 次印刷
书　号	ISBN 978-7-220-09770-6
定　价	38.00 元

前 言

　　财商是"财富智商"（Financial Quotient，简写为FQ）的简称，简单一点说是一个人与金钱打交道的能力，是一个人处理个人经济生活的能力；复杂一点说是一个人认识财富（资源）、管理财富（资源）、创造财富（资源）和分享财富（资源）的能力。这种能力主要体现在一个人的习惯(Behavior)、动机（Motivation）、方法（Ways）三个方面。

　　财商与智商、情商并列为现代人不可或缺的三大素质，与我们的日常生活息息相关。当每个人都无法逃避地要进行经济活动时，了解财商智慧、提高财商能力就是完善自我、增强幸福感的重要途径。

　　为什么这么说呢？因为财商教育的根本目的是把人们培养成为理性、智慧的"经济人"，简单地说就是实现个人的财富自由。通往"财富自由"的道路分为三个阶段。第一阶段：不论你有多少财富，你都处在不断挣钱、不断消费的境况中，这个时候你只是财富的奴隶；第二阶段：即使你只有10元钱，但这10元钱在为你工作，而不是你在为它工作，这时你是财富的主人；第三阶段：你和财富间形成了伙伴关系，能够在平等对话的基础上，互相帮助、共同成长，这就是"财富自由"。"财富自由"是一个人实现高品质的社会生活的重要保障，也是实现圆满、和谐、幸福的精神生活的坚实基础。

　　"金钥匙"财商教育系列正是基于这一理念而精心编撰的财商启蒙和学习读本，由"富爸爸"品牌策划人、出品人汤小明先生组织财商教育编写中心倾力打造。书中以充满智慧的富爸爸、爱思考的阿宝、爱美的美妞、调皮好动的皮喽等卡通形象为主人

公，结合国内外财商教育的丰富经验，将知识性、趣味性、实践性融为一体，让孩子们在一册书中能够在观念、知识、实践三个层面得到锻炼。

"金钥匙"财商教育系列分为"儿童财商系列"和"青少年财商系列"，分别适应7~10岁的少年儿童和11~14岁的青少年学习，"儿童财商系列"通过丰富的实践活动以及生动有趣的游戏、儿歌、故事版块，侧重培养小朋友的财商意识、良好的理财习惯以及正确的财富观念。"青少年财商系列"在此基础上，旨在培养青少年较为深入地认识一些经济规律，熟悉市场运作的基本原理，逐步把财商智慧应用到创新、创业的生活理念之中。

作为国内财商教育的先驱者和尝试者，本系列丛书在编写过程中得到众多德高望重的教育学、经济学等领域专家的指导和帮助，在此向他们致以诚挚的谢意。希望本系列丛书顺利出版后能够为中国少年儿童和青少年的财商启蒙和教育增添一份力量。

财商教育编写中心
2015年11月

主要人物介绍

美妞
性别：女
性格：活泼、爱臭美、
　　　爱出风头
喜爱的食物：骨头、肉
喜欢的颜色：粉色

咕一郎
性别：男
性格：内向、聪明
　　　好学
喜爱的食物：谷子
喜欢的颜色：绿色

皮喽
性别：男
性格：活泼、反应
　　　快、粗心
喜爱的食物：桃子、
　　　　　　香蕉
喜欢的颜色：黄色

阿宝
性别：男
性格：稳重、爱思考
喜爱的食物：竹子、苹
　　　　　　果、梨
喜欢的颜色：蓝色

富爸爸
性别：男
会出现在各种不同
场合，教给小朋
友们不同的财商知
识。

Contents
目 录

1

一、认识人民币

一天，阿宝在家里的写字台上看到了一张写着很多字和一串数字的纸。

阿宝只认识"500"和与钱有关的符号"￥"，但剩下的字是什么意思呢？阿宝决定去问问爸爸。

爸爸正在看报纸，看到阿宝拿着的纸，他笑着说："阿宝，这是一张收据，下面那行字是500元人民币的大写。"

听了爸爸的话，阿宝似懂非懂，他想：有数字大家不就明白了吗？为什么还要人民币大写呢？

④

阿宝的问题，我知道答案！我觉得是因为数字太简单了。

我觉得应该是害怕被别人修改才写的。

同学们，你们觉得呢？

5

在很多涉及金钱的合同文件或者收据中，人民币数值大写可以防止别人随意在小写的人民币数值上作修改。阿拉伯数字前后可以任意加数字，但是如果人民币数值大写就无法擅自进行修改。

我们先来了解一下每个数字的汉字大写。

1元=壹圆	2元=贰圆
3元=叁圆	4元=肆圆
5元=伍圆	6元=陆圆
7元=柒圆	8元=捌圆
9元=玖圆	10元=拾圆
100元=壹佰圆	1000元=壹仟圆

FQ动动脑

连一连

15元	叁拾肆圆整
65元	叁拾圆整
30元	拾伍圆整
19元	陆拾伍圆整
34元	拾玖圆整

FQ笔记

请写出人民币100元、50元、20元、10元、5元、1元的大写。

100元　　人民币大写：＿＿＿＿＿＿＿

50元　　人民币大写：＿＿＿＿＿＿＿

20元　　人民币大写：＿＿＿＿＿＿＿

10元　　人民币大写：＿＿＿＿＿＿＿

5元　　人民币大写：＿＿＿＿＿＿＿

1元　　人民币大写：＿＿＿＿＿＿＿

二、爱护人民币

① 校门口有个小贩在出售用人民币折成的模型。

一个小朋友正要去收银台结账，却发现手中的人民币上有一个大大的印章。

小明不满妈妈只给5元零花钱，一生气就把钱撕了。

一个人在商店买东西，却被告知用的钱是假币。

您的钱是假币，不能使用。

怎么会是假的呢？

假币

④

图①中，店老板出售用人民币制成的模型是犯法的。

图②中，在人民币上乱涂乱画是违法的行为。

图③中，这个小朋友故意撕坏人民币的行为是违法的。

图④中，用假币买东西的行为是违法的。

富爸爸告诉你

1.人民币是国家的名片，任何单位和个人都应当爱护人民币，禁止损害人民币。

2.制造和使用假币都是严重的违法行为，假币虽然表面看上去和真币很像，但只要了解真币的防伪特征，识别假币也不是一件难事。我们通常采用"一看、二摸、三听、四测"的方法来识别人民币的真假。

固定花卉水印　全息磁性开窗安全线　隐形面额数字

双色横号码　凹印手感线

胶印对印图案　白水印　胶印微缩文字　手工雕刻头像　盲文面额标记

一看：

主要观察票币上是否具备防伪措施，如水印、安全线是否存在。首先要辨别水印的真伪，真币的水印透视图案清晰，层次分明，看得很清楚，有层次感和立体效果，而假币则无上述特征。

二摸：

假币的用纸往往不是专门的印钞纸，其厚度较大而绵软，挺度、坚韧度差，而真币使用的是特殊纸张，挺括耐折。假币一般不采用雕刻凹版印刷，没有凹凸感，而真币大多采用了凹版印刷，有凹凸感。

三听：

抖动钞票听其声音。这是新钞票常用的鉴别方法，抖动钞票听其声响，真钞会发出清脆的声音，而假钞的声音发闷不脆。

四测：

目前鉴别钞票真伪常用的仪器有紫光灯——看钞票纸是否有荧光反应，有荧光反应的是真币；还有测定钞票是否具有磁性的磁性仪，有磁性的是真币。

FQ动动脑

找来一张50元人民币，按照以上辨别人民币真伪的方法检验一下这张人民币。

FQ笔记

如果你收到一张假币，你会怎么处理这张假币呢？

编号	处理方法	我的办法
1	赶快用掉，给别人就好。	
2	送到银行交公，自己承担损失。	
3		

三、银行知多少？

美妞和妈妈一起去菜场买菜，走到菜场门口妈妈才发现自己带的现金不够。

美妞看到银行的招牌上有一个奇怪的图案，她好奇极了！

原来银行都会有自己的标识。

我知道！很多银行门口的招牌上都画着呢！

富爸爸告诉你

　　我们身边有很多银行，每一家银行都有自己相应的标识，这些标识的设计都有自己独特的意义。

　　我们平时接触的银行大都是商业银行。商业银行的主要业务是存、贷款，它是以获取利润为目的的货币经营企业。

FQ动动脑

连一连

请把银行的标识与对应的银行名称连线。

中国农业银行

交通银行

中国银行

中国人民银行

中国工商银行

银行的产生

  "银行"（Bank）一词最早起源于意大利语"Banca"，意思是"长板凳"。在中世纪中期的欧洲，由于各国之间的贸易往来比较频繁，各国商人们带来了五花八门的金属货币，不同的货币由于品质、成色、大小不同，兑换起来有些麻烦。于是

就出现了专门为别人估量、保管、兑换货币的人。按照当时的惯例，这些人都坐在港口或集市的长板凳上，等候需要兑换货币的人。渐渐地，这些人就有了一个统一的称呼——"坐长板凳的人"，他们也就是最早的银行家。

FQ笔记

和爸爸妈妈一起完成下面几个小问题：

1. 世界上的第一家银行诞生在（　　　　　　　　　　）世纪的意大利。

2. "银行"一词来源于（　　　　　　　　　　）语，该词最初的意思是（　　　　　　　　　　）。

3. 收集"银行"一词用英语、日语、法语的说法，并记录下来。

四、人民币从哪里来？

一天，皮喽和妈妈一起去快餐店吃饭。找钱时妈妈拿到了一张崭新的人民币。

皮喽和妈妈一边说着话，一边走到了桌子前坐下。

你知道吗？人民币是从造币厂出来的，可是造币厂是如何造钱的呢？

我想应该是用机器印出来的吧！

印刷人民币的地方叫印钞厂！！！

富爸爸告诉你

　　人民币是由我国的中央银行统一发行和管理的。我国的中央银行是中国人民银行。

　　发行人民币、管理人民币流通是中国人民银行的重要职责之一。

人民币印制流程图：

① 纸币检测

② 印前处理及制版

③ 试印刷

④ 正式印刷

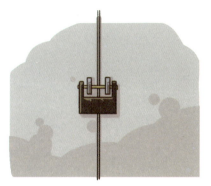

⑧　入库封存

⑦　质量检查

（检查单张）

⑥　裁切

⑤　质量检查（检查大张）

FQ动动脑

排一排

将正确的人民币印制流程的序号填在括号里面。

①纸张检测 ②正式印刷 ③试印刷

④印前处理及制版 ⑤裁切 ⑥检查单张

⑦检查大张 ⑧封存

正确的序号为：（　　　　　　　　　　）

写一写

中国人民银行的主要职能是_____、_____

_____。

FQ笔记

跟小伙伴们讨论一下人民币是怎么来的、从哪儿来的？

①

从前，有个非常贫穷的农夫，他心地很善良。

有一天，他救了一只受伤的鹅。他把鹅带回家后，非常细心地照料它。没过多久，这只鹅的伤就痊愈了。

这只鹅越长越大，越长越肥。突然有一天，这只鹅下了一个蛋，农夫一看，惊呆了！这个蛋发出金灿灿的光！

2

农夫有点儿不敢相信自己的眼睛，他把这个蛋送到金匠那儿，金匠一看，真的是一个金蛋！农夫听从了金匠的建议，把这个金蛋卖了，得到了一大笔钱。

④

　　后来，农夫更加悉心地照料这只鹅，这只鹅也每天都给他下一个金蛋。很快这位农夫就变成了一个大富翁，他生活得十分幸福，还帮助很多穷人过上了幸福快乐的日子。

如果你们有这样一只会下金蛋的鹅，你们高兴吗？你们会用这些金蛋来干什么呢？

当然高兴了，如果我有一只会下金蛋的鹅，我就什么都不用愁了。

这不过是个故事，现实生活中哪里有会下金蛋的鹅呢？

其实，在我们的生活中也有这样的"会下金蛋的鹅"。比如存进银行里的钱，存入这些钱后得到的利息就是"金蛋"。

把钱存入银行的行为也叫"存款"，"存款利息"是指人们从银行中得到的收益，是存款本金的增值部分。也就是说，你存钱到银行之后，银行会每月再多给你一点钱。

FQ动动脑

想一想

除了存款之外，生活中还有哪些"会下金蛋的鹅"？

_____

_____

_____

FQ笔记

　　和父母一起去银行开一个属于自己的账户，获得自己的"会下金蛋的鹅"。记得将你开户的整个过程记录下来，然后就等着你的"小鹅"给你下"金蛋"吧，别忘了和同学们分享你的开户经历哟。

_____

_____

_____

_____

_____

_____

_____

_____

_____

一位老人存了10年的钱，辛辛苦苦攒下了6万元人民币。他总是用手绢把钱里三层外三层地包得严严实实，以前他把钱藏在枕头底下，后来又担心有小偷会把钱偷走，于是索性将钱藏在灶台中。

①

　　过了几天，老人想去买米，就到灶台下去取钱。可是，那里只剩下一个布满窟窿眼儿的破手绢，里面的钱都不见了。他吓了一跳，伸手去摸了半天，只找到一些碎纸片。他拿来手电筒一照，见角落里竟有一个拳头大的老鼠洞。

老人赶紧把自己的儿子、孙子都叫了过来，他的儿子拿着锤子朝老鼠洞的位置砸去，最终找到一个老鼠窝。里面堆满碎币，掏出来装满了一鞋盒，这些碎币只有瓜子壳儿大小。老人当时就急哭了，一晚没睡。

次日，一家人把碎币送到了银行，几名工作人员拼了一天，终于拼出了600张"完整"的百元纸币。老人赶紧把"找回来"的钱存进了银行里。

为什么要把钱存进银行呢？

怕被老鼠吃掉！！！

存在银行能够获得利息。

也不用担心弄丢了。

如果你手头上有多余的钱，可以把它存进银行。因为银行不仅有结实的金库用来存放现金，还在各处都安装了监控装置，可以监控所有出入银行的人。所以，银行很安全。

我们去银行办理存、取款业务时，可以去柜台直接找工作人员办理，也可以用自动柜员机办理。

自动柜员机即是人们通常说的"ATM机"，ATM是英文"Automatic Teller Machine"（自动柜员机）的缩写。自动柜员机可以向持卡人提供取款、存款、查询余额、更改密码等服务。

你持有的银行卡上如果有一个银联标志，表明你的卡可以在各家银行的柜员机上使用，因为这些银行都是"银联"的会员。

自动柜员机的好处就是24小时不关门，而且它使用起来很方便。

FQ动动脑

说一说

把钱存入银行都有哪些好处?

_____

_____

_____

_____

想一想

银行为什么会给存钱的人利息?

_____

_____

_____

_____

FQ笔记

和父母一起去银行用自动柜员机存一次钱,体验一下它的各种功能。

七、存进银行的钱去哪儿了？

　　去商场购物，可以不用带大量现金，直接通过刷银行卡来购物，刷过卡后，银行会自动将钱从你的账户中扣除，然后转入商场的银行账户。如果你持有的是信用卡，即使卡里没有钱，你依然可以在限定额度内刷卡消费。不过，这时你就欠了银行一笔钱，记住要在规定期限内向银行还款哟。

刷卡购物真方便。

买房时，如果钱不够，可以通过向银行借钱的方式，也就是人们常说的贷款的方式，来实现购房的愿望。

我想买房，可是钱不够。

购车可以通过贷款的方式实现。

贫困大学生可以通过向银行申请助学贷款来完成学业。

好想上学啊，可是家里没有钱……

④

银行贷款的用处真大啊！

那银行借钱给别人是不是也要收利息呢？

原来银行把我们存进去的钱都借出去了。

贷款是指向银行借钱的行为。这是银行的一个重要职能。

你从银行贷款后，要根据贷款合同的要求，按时向银行支付贷款利息和归还本金。

贷款利息，就是你使用银行提供的资金，而向银行支付的代价。

FQ动动脑

想一想

生活中什么时候需要向银行贷款？向银行贷款的优点与缺点是什么？

_____

_____

_____

_____

一个服装厂的故事

有一个服装厂，生产的服装主要用于出口，生意一直都很顺利。但是天有不测风云，有一次工厂着了大火，厂房被烧了个精光。厂房没了，订单完不成，员工的工资也发不出来了。

得知这个服装厂的困境后，当地银行经过谨慎评估，同意为其提供贷款。

得到银行的贷款后，服装厂很快就恢复了生产，生产的服装远销美国和欧洲。

和父母一起去银行了解近期的存贷款利率。

2016年5月部分银行存款利率表				
	一年定期利率	两年定期利率	三年定期利率	五年定期利率
基准利率				
中国银行				
建设银行				
工商银行				
农业银行				
邮政储蓄银行				
交通银行				

一天中午，美妞和妈妈正在看电视，突然电视上一点图像都没有了。

家里没电了，我们一起去银行给电卡充值吧！

妈妈看过电表，发现是家里的电用完了。

自动柜员机使用起来很方便，很多事情都可以交给它来做。

我最喜欢来银行了，这里的自动柜员机好神奇呀！

工商银行

自动柜员机

3

妈妈和美妞来到银行的自动柜员机前。妈妈开始操作，美妞认真地看着，还不时地提问。

很快妈妈就给电卡充好了值，转身叫美妞一起回家。

真快啊！我也要赶快学会给电卡充值的方法！

好，现在我们回家把电卡插到电表上就有电用了！

④

银行还有这种功能呀！这可太省事了。

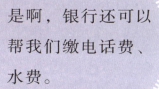

是啊，银行还可以帮我们缴电话费、水费。

银行还可以兑换货币呢！

对，上次我爸爸去美国出差的时候就是先到银行将人民币换成美元的！

　　银行能够为我们提供很多服务，比如：存钱，取钱，贷款，代缴水、电、煤气费，代买基金，代发工资，兑换货币，在网上买完东西还可以用网银付账等。

　　除了为个人提供服务之外，银行还可以为国家建设提供帮助。我们城市里的各种基础设施建设，还有很多国家支持建设的大型工程，比如铁路、公路、桥梁、地铁等，都要从银行贷款才有建设资金。银行又可以利用这些贷款利息再为社会建设做贡献。

FQ动动脑

写一写

你还知道哪些建设项目需要向银行贷款？请在下面的表格中填上相应的项目名称。

公园		
		学校

FQ笔记

和爸爸妈妈商量后完成下面的表格。

银行能帮我们做什么？			
取钱	存款	贷款	交水费、电费、煤气费
代发工资	代管保险		

皮喽花了5元钱买了一瓶果汁，他递给小卖店的老板一张5元钱。

5元一瓶。

请给我一瓶果汁。

小卖店

1

小卖店的老板去服装店买衣服，他递给服装店老板一张50元钱。

服装店老板拿着100元去水果店买苹果。

原来金钱不只是待在银行里不动的。

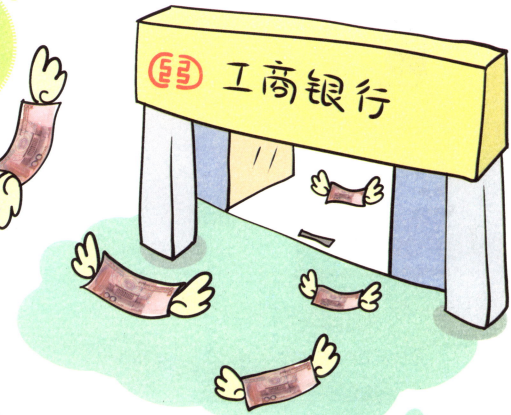

是啊，金钱只有流动起来了，我们的社会才会发展得更快。

④

在市场上，我们交易时使用的钱都是流动的，它们不会只待在银行里。

　　金钱的流动，不仅让我们能买到各种各样的东西，更重要的是促进了经济的繁荣和社会的进步。

FQ动动脑

想一想

金钱是怎样流动的？

_____

_____

_____

FQ笔记

和父母讨论一下金钱的作用。

奶农挤了牛奶，卖给牛奶供应商。

这是今天的牛奶，我帮您装到车上吧。

好的，这个月的货款您收好。

①

果农将摘好的水果卖给水果商贩。

您的苹果一到市场上，很快就卖光了，今天我还要多买几筐。

服装加工厂的老板将做好的衣服卖给服装批发商。

我们家住的
房子是商品。

妈妈给我买的
衣服是商品。

我们每天喝的
牛奶是商品。

富爸爸告诉你

在日常生活中，我们会遇到各种各样的
东西，但只有一部分属于商品。

商品是指用于交换的物品或服务。

FQ动动脑

想一想

分别问问爸爸、妈妈、爷爷、奶奶或是老师同学，物品和商品有什么
区别，并记录下来。

_____

_____

找一找

下图中，哪些属于商品？

1.牛奶

2.童装店
里的衣服

3.农民自家种
的青菜

4.天安门
城楼

5.大海里
的水

6.农民伯伯用
的拖拉机

7.商场专柜
里的手表

8.宠物店的
小猫

9.家电商场
里的电脑

10.理发师为
客人理发

11.天坛

12.花卉市场中
的鲜花

属于商品的有：＿＿＿＿＿＿＿＿＿＿＿＿

不属于商品的有：＿＿＿＿＿＿＿＿＿＿＿

FQ笔记

请在下列物品中选出你认为是商品的，并在后面的括号中画上"√"。

街边花坛里长出的杂草（　　　　）

市场里卖的白菜（　　　　）

超市里待售的饮料（　　　　）

待售的衬衫（　　　　）

农民自己种自己吃的土豆（　　　　）

演奏会门票（　　　　）

动物园里的大熊猫（　　　　）

北海公园（　　　　）

服装店中，展示的服装都有标价。

特　价
150元/件

①

文具店中，每件文具上都贴着价签，上面有这件文具的标价。

书店中，每本书都有定价。

果汁：6元　　矿泉水：3元　　可乐：5元

苹果：5元/斤　　橙子：4元/斤　　梨：3元/斤

面包：6元　　法棍：7元　　包子：2元

杂货店中的货架上放了好多物品，每一个物品上都有价签，标明相应商品的价格。

每一种商品上面都标着价格，那什么是价格呢？

价格应该就是买东西时给老板的钱。

那价格是由谁定呢？

这还用问，当然是店老板了！

价格就是人们购买商品时支付的钱的数目。

价格一般不是由政府定的，也不是由商家单方面定的，而是由市场里的供给和需求双方（买卖双方）共同来决定的。

比如，集市上有很多人卖米、卖青菜，同时有很多人买米、买青菜，那么大米和青菜的价格，就是经过买卖双方的讨价还价，或选择买多买少，最终形成的一个双方都能接受的市场价格。这个市场交易价格也被称为"均衡价格"。

"均衡价格"不是一成不变的，随着季节的变化，白菜的"均衡价格"（或市场价格）会上下波动。

FQ动动脑

写一写

平时你去购买这些学习用品都会花多少钱？

(   )   (   )   (   )   (   )

选一选

冰激凌的价格是由谁决定的呢？请在你认为正确表达后面的括号内画"√"。

1. 国家领导人决定的。（   ）

2. 卖东西的老板自己决定的。（   ）

3. 买方和卖方共同决定的。（   ）

4. 消费者协会决定的。（   ）

5. 物价局决定的。（   ）

想一想

　　如果你是买家，怎样用最合适的价格买到你需要的商品？作为一个卖家，怎样在提供给买方一个合适的价格的同时自己也能获得相对多的财富？

_____

_____

_____

_____

_____

_____

_____

_____

_____

FQ笔记

和父母一起去超市或者农贸市场了解一下常见商品的价格。

商品	价格	商品	价格

①

　　一天，阿宝和爸爸去超市买东西。在饮料货架上，他看见了各种各样的饮料，可是不同的饮品差别很大。阿宝拿起一瓶矿泉水，它的定价是1元5角，而橙汁的定价却是4元5角。

爸爸，为什么都是水，橙汁要比矿泉水贵这么多呢？我看见橙汁要卖4元5角，可是矿泉水只卖1元5角。

阿宝观察得真仔细，你提的问题很好。之所以会不一样，是因为这两种产品的生产成本不一样，所以反映到价格上就会有的贵，有的便宜。

听了爸爸的回答，阿宝看了看手里拿的矿泉水和橙汁，更加困惑了！

那成本又是什么东西呢？回头我一定要去问问富爸爸！

成本：生产一种产品所需要的全部费用。

比如，生产一件衣服，衣服的成本包括：原材料费，如购买布料、皮料等的花费，以及设计费、裁剪费、辅料费（购买拉链、纽扣等的费用）等。

原材料费

设计费

裁剪费

辅料费

商品的价值变化

不同商品的价格不同，除了成本不同之外，商品的价值也不一样。

一般来说，价值（对使用者的有用程度）越大的商品，价格就越高。

比如，一个人在沙漠中渴得要命，这时水对这个人的价值就很大。

FQ动动脑

想一想

生产一个书包，它的成本包括哪些费用？

书包的成本由下面这些费用组成：

1.＿＿＿＿＿＿＿＿　2.＿＿＿＿＿＿＿＿＿＿＿

3.＿＿＿＿＿＿＿＿　4.＿＿＿＿＿＿＿＿＿＿＿

还有：＿＿＿＿＿＿＿＿＿＿＿＿＿＿＿＿＿

FQ笔记

1. 问问爸爸妈妈为什么牛肉比猪肉贵？

＿＿＿＿＿＿＿＿＿＿＿＿＿＿＿＿＿＿＿＿＿＿＿＿＿

＿＿＿＿＿＿＿＿＿＿＿＿＿＿＿＿＿＿＿＿＿＿＿＿＿

2. 随意选择几件东西，结合富爸爸告诉你的财商知识，跟父母讨论一下这些东西的成本由哪些部分组成。

＿＿＿＿＿＿＿＿＿＿＿＿＿＿＿＿＿＿＿＿＿＿＿＿＿

＿＿＿＿＿＿＿＿＿＿＿＿＿＿＿＿＿＿＿＿＿＿＿＿＿

十三、价格为什么会变？

周末的时候，美妞邀请几个小伙伴到家里玩，中午的时候，美妞的妈妈还要留大伙儿一起吃饭。

1

今天中午就在我家吃饭吧，我妈妈早上在菜市场买到了新鲜的西红柿，才4元1斤，用它做菜可好吃了！

2 听了美妞的话，阿宝也想起前几天和妈妈去超市也买了西红柿，不过标价是6元。

西红柿
6元/斤

4元1斤真便宜，前天我和妈妈去超市也买了西红柿，要6元1斤呢！

阿宝刚说完，皮喽忽然想到妈妈昨天买菜后回来和他说起，下午的时候农贸市场的蔬菜会卖得很便宜。

我妈妈常常会下午去农贸市场，她总是说，有些菜到下午去买会更便宜，西红柿到那时候可能也会再便宜一些呢！

真的吗？那为什么都是西红柿，价格会有这么大的差别？这其中有什么道理呢？

富爸爸告诉你

同一种商品在不同的地方价格不同，其原因在于：

● 那个地方居住的人们的平均收入不同。

● 市场竞争的激烈程度也不同。

同一种商品在不同时间价格也不相同，其可能的原因在于：

● 商家想通过降价促销。

● 市场上产品数量增多，竞争加剧。

FQ动动脑

连一连

下面列出了一部手机在不同时间段的价格，请在价格和正确的时间段之间连上线。

刚上市的时候	980元
上市3个月后	680元
上市6个月后	1680元
上市9个月后	1280元

FQ笔记

　　小调查：请和爸爸妈妈一起调查以下物品不同的市场价格，想一想为什么这些价格不一样。

1斤苹果的价格		1盒24色彩笔的价格	
地点	价格	地点	价格
菜市场		小商店	
超　市		文具专卖店	
水果店		地　摊	
机　场		超　市	

十四、神奇的市场

星期天，阿宝和爸爸一起去商店买衣服。

特价

1

服装

哇，好多打折的衣服，买哪件好呢？

美妞和妈妈在农贸市场买水果，妈妈看见香蕉又新鲜又便宜，就买了一挂。

一会再买点苹果吧，妈妈！

这挂香蕉看上去挺好的，就买这挂了！

2

皮喽和妈妈去超市买家里的日用品和食品。

妈妈，我们再买点麦片吧！

我们先看看超市里今天都有哪些商品做活动。

咕一郎正在家里做作业，突然发现练习本用完了，就到楼下的小卖店里买练习本。

是的，请给我两本。

④

市场：买卖双方自由选择相互交易的场所。日常生活中，我们常见的、熟悉的市场有：农贸市场、超市等。

FQ动动脑

填一填

你知道的市场有哪些？请将下表补充完整。

商场		
	菜市场	
美食城		

94

想一想

你认为去过的这些市场有什么用?

看不见的手

价格是由市场中的商品或物品供给方和需求方来决定的,但价格也会对供给方和需求方产生影响。

例如，当牛肉需求量增加的时候，牛肉的价格就会上升。因为能赚更多的钱，养牛的人也会增加。要是1斤牛肉的价格由20元变成20万元的话，那人们就是再想吃也买不起，或者不愿意买，因为太贵了。这样，买牛肉的人会减少，牛肉的价格就会降下来。著名的经济学家亚当·斯密曾经说过，在价格调节的过程中有"看不见的手"在起作用。

为什么节日期间各种蔬菜水果会涨价呢？那只看不见的手到底是怎样起作用的？分别记录表中商品在节日期间和平日的价格，结合超链接中的提示分析一下。

立春日	萝卜	价格	平日	萝卜	价格
冬至日	羊肉		平日	羊肉	
情人节	玫瑰		平日	玫瑰	
母亲节	康乃馨		平日	康乃馨	

FQ笔记

1. 问问爸爸妈妈还有什么类型的市场？

2. 小调查：调查一下身边的同学都去过哪些市场。

十五、我可以定价吗?

学校举行"帮助贫困山区失学儿童义卖大会",很多同学都拿出自己的东西在这次大会上出售。美妞和皮喽一组,阿宝和咕一郎一组参加了这次义卖活动。

大家快集合,义卖大会就要开始了。

美妞和皮喽从批发市场买进了一些橙汁，按照1元1杯的价格卖给参加义卖大会的同学，他们决定把当天收到的钱全部都捐献出去。

阿宝和咕一郎经过一番商议，决定把各自心爱的玩具捐献出来，放在义卖大会上销售，销售所得都将捐献给贫困山区的失学儿童。

商品的价格是根据市场的变化而变化的，市场在变化，所以商品的价格也在变化。

FQ动动脑

写一写

请看下面的图，写出你看见的物品，并调查一下它们的市场价格，然后在后面的横线上写出它们的价格。

物品名称：_____ 价格：_____

物品名称：_____ 价格：_____

物品名称：_____ 价格：_____

物品名称：_____ 价格：_____

物品名称：_____ 价格：_____

物品名称：_____ 价格：_____

FQ超链接

"本店只有一个"

有一家商店销售一种仿古瓷瓶，定价为每个500元，商店里摆了不少，但过了很长时间，一个都没卖出去。

后来，有人给商家出了个主意，说这种商品主要不是卖给中国人的，而是卖给外国人的。于是商家把瓷瓶全部收到了仓库里，店里只放了一个，标价从500元涨到了5000元。不久一个外国人看见了就想买下来，可是他想要一对。经理对他说：

"本店就只有一个，不过我们可以想想办法，明天再帮你再找一个来。今天你先把这个拿走吧。"

第二天，这个外国人又来到店里，看到店员给他准备好的瓷瓶，十分高兴。和这个外国人一起来的，他的一位朋友，表示也想要一对。店员询问经理后，经理告诉顾客："我们一定尽力去找，请您明天再来一趟吧。"在这两个外国人看来，这些瓷瓶都是费了些周折才买到的，所以虽然价格高了些，但他们仍然觉得非常高兴。这种推销方式，通常被称为"饥饿营销"。

FQ笔记

和爸爸妈妈一起读一读上面的故事，想一想商家为什么可以把原本不值钱的瓶子卖出了好价钱？

_____

_____

_____

_____

十六、消费类型知多少

　　小斌的爸爸这一周多给了他很多零花钱，小斌很得意，他一到学校就向自己的好朋友炫耀起来。

　　小丽很喜欢各种新奇的文具，一进文具店她就忍不住要买很多，这天她又买来了各种各样的文具，可是看着满桌的文具她又忍不住犯愁了。

童童陪着表弟去文具店买日记本。进了文具店，本来帮表弟挑日记本的童童看见新进的日记本很漂亮，价格也不贵，忍不住也给自己买了一本。

要存起来呢？还是先拿来买点零食？

　　妈妈多给了小伟10元零花钱，他正在想应该怎么用这些钱。

富爸爸告诉你

无论你是哪种消费类型的人，你都应该在消费完后自己做好总结。一个财商高的人一定会把自己的钱用到实处，如果用不好，就会受到市场的惩罚。

主要的消费类型有以下几种：

（1）过度消费：超出了原计划的购买行为。

（2）冲动消费：没有计划、无意识的购买行为。

（3）模仿消费：自己没有主见，跟风的购买行为。

（4）理性消费：有计划、有目标的购买行为。

FQ动动脑

想一想

如果班上好多同学都买了变形金刚，那你是不是也要买呢？

连一连

请将下面的描述和相对应的消费类型连起来。

消费类型　　　　　　　　　　消费描述

理性消费　　　　　　　美妞计划去买橡皮，结果买了玩具。

模仿消费　　　　　　　咕一郎每周的零花钱，没到周五呢就花完了。

冲动消费　　　　　　　皮喽看到同桌背了好看的新书包，回家要求妈妈也给她买一样的。

过度消费　　　　　　　阿宝放学经过一家正在促销的文具商店门口写着××笔记本买二送一，但是想了想家里还有，就离开了。

FQ笔记

问问身边的亲朋同学，他们觉得自己属于哪种消费类型？把他们的名字记到括号中。

1. 精打细算型　　　（　　　　）

2. 冲动消费型　　　（　　　　）

3. 过度消费型　　　（　　　　）

4. 模仿消费型　　　（　　　　）

5. 其他　　　　　　（　　　　）

周六的傍晚，正准备写作业的美妞发现自己的橡皮和铅笔都用完了。于是，她决定拿着零花钱去买橡皮和铅笔。

①

美妞路过一个卖玩具的商店，看见门口挂着"原价20元，现价10元"的招牌！一问才知道是商店里的毛绒玩具正在打折销售。美妞兴奋得眼睛都亮了，平时她经常来这家店买玩具，从来没有这么便宜过。

原价:20元
现价:10元

商店

2

3 美妞在打折柜台前挑了很久，最后买了两个可爱的玩具熊欢天喜地回了家。

到了家，美妞才意识到应该买的橡皮和铅笔都忘了买！现在要写作业没有笔可怎么办？美妞急得直跳脚，看着堆放在桌上的玩具熊，她开始后悔起来……

4

富爸爸告诉你

想要的东西，就是那种你拥有之后会感到更快乐，但没有也不会影响你的正常生活的东西。

需要的东西，就是日常生活中必不可少的，没有它生活就会变得困难或不方便的东西。

FQ动动脑

写一写

我最需要的东西是：

我最想要的东西是：

填一填

请将你最近最想购买的东西的名称填入下表，并按给出的各项标准来评价一下，看看哪个才是你最应该买下的东西。（评分时请按程度给星形涂上颜色。）

购买物品 购买原因			
价格便宜	☆☆☆☆☆	☆☆☆☆☆	☆☆☆☆☆
非常实用	☆☆☆☆☆	☆☆☆☆☆	☆☆☆☆☆
必须要用	☆☆☆☆☆	☆☆☆☆☆	☆☆☆☆☆
别人都有	☆☆☆☆☆	☆☆☆☆☆	☆☆☆☆☆

FQ笔记

让爸爸妈妈说一说他们分别"想要"什么，"需要"什么？

_____

_____

_____

_____

1

　　美妞的妈妈带着美妞和阿宝一起去超市。路上美妞被一个巨大的广告牌吸引了，上面写着"串起生活的每一刻"几个大字。

美妞觉得这个广告牌上的话很有趣，但是又不是很明白它的意思，她转身向妈妈求助。

妈妈，什么东西能串起生活的每一刻啊？这个广告上的话我不明白。

串起生活的每一刻

这句广告语确实很有趣，不过你们还是先自己想想，生活中什么东西能串起生活的每一刻呢？

阿宝和美妞你看我，我看你，陷入沉思。

富爸爸告诉你

广告：就是为了让更多的人了解商品的一种方法。

通过广告，我们能认识和了解各种商品的性能、用途等。

FQ动动脑

写一写

记录下给你留下印象最深的广告，并说明为什么它会给你留下深刻的印象？

_____

_____

_____

想一想

1. 你有没买到过跟广告宣传有出入的商品？比如零食、玩具等。

2. 怎样利用广告来更好地购买商品？

FQ超链接

广告营销中最能赚钱的10个关键词

免费

不管是"免费赠送"还是"免费观看"，只要广告语中出现"免费"一词，这种产品一般都会非常受欢迎。

省钱

如果你的产品或服务可以帮助人们省钱，千万不要忘记添上一个数字，相信会吸引更多人的眼球。

健康

健康比金钱重要，所以现在越来越多的产品都想与健康挂钩，不一定要延年益寿，只要保证对健康没有损害，就能让消费者多看一眼。

好处

消费者从广告中看到"好处"后，心情会很激动。所以即便是产品或服务有缺点，聪明的厂家也要引领消费者往"好处"想。

你的

如果广告中不便请消费者现身说法，就一定要把广告语中的人称代词"我"换成"你"。"你将得到……"，"你从此以后将……"，等等。到处都在"为你着想"。

保障/保证

大多数人都不喜欢冒险，你的产品最好能向大家保证，不会浪费钱，不会浪费时间，更不会损害身体健康。

简单

顾客都希望自己购买的产品使用起来非常简便，请记住他们需要的是便捷，而不是艰难地学习使用说明书的过程。"您只要轻轻一按……"，"全自动……"这些话语总是很吸引人。

快

与简单相伴的是快，人们不仅喜欢吃快餐，还喜欢各种闪电式服务，以便体验更多产品与服务项目。

最后两个关键词是"正是"和"名人"。如果你告诉消费者，你销售的产品正是当前最时尚的，或者是他正在找的产品，那一定会引起他的兴趣。另外，如果你在广告中使用了名人的名字或推荐，你的产品的可信度与吸引力也会大大增加。

FQ笔记

请记录下10条让你印象深刻的广告语。

1. _____

2. _____

3. _____

4. _____

5. _____

6. _____

7. _____

8. _____

9. _____

10. _____

十九、购物清单

妈妈说要带着皮喽去超市，买些生活必需品，皮喽一听赶紧背上购物袋催着妈妈出发。

妈妈，我们快走吧！

可是妈妈却让他不要着急出门，然后妈妈回到屋里，坐在写字台前开始写购物清单。

2

妈妈，我们都知道了这周家里缺什么了，去买了不就好了吗，为什么还要写下来呢？

等等，我们还没有列购物清单呢。

妈妈不紧不慢地列着清单，对于皮喽的疑问，她并没有立刻给予答复，只是提醒皮喽认真回忆一下学过的财商知识。

你已经学习财商课了，以后这些问题要自己思考啊。

购物前列好购物清单，既方便又省时，更可以防止我们被购物场所中那些令人眼花缭乱的商品迷惑，而忘记了自己实际要买的东西。记住：有计划地购物才能防止超支。

FQ动动脑

填一填

请回忆一下近期的购物经历，并将下面的表格填好。

购买商品日期	物品名称	商品数目	商品单价	商品总价	购物地点
2016.4.2	铅笔	5支	0.4元	2元	校门口文具店

试着帮妈妈做一份家庭购物清单，并一起去体验一下按清单购物的乐趣。

购物清单	
成员	需要物品
爷爷	
奶奶	
姥爷	
姥姥	
爸爸	
妈妈	
我	
备注	

美妞和妈妈一起去商场购物，买好东西后，妈妈带着她去收银台结账。

美妞看着收银员阿姨拿起会员卡，在一个机器上刷了一下，然后机器里开始往外出小票，美妞觉得神奇极了。

原来会员卡是这样用的啊，是不是刷过以后，购物的价格就会自动打折了呢？

是的，这全都是自动的，电脑里都计算好了！

收银员把打好的小票和零钱一起找给了美妞的妈妈，妈妈拿到小票后，告诉美妞还要去服务台开发票。

好了，我们可以去开发票了。

为什么还要开发票呢？多麻烦啊。

妈妈来到商场的服务台要求开张发票，服务人员请妈妈出示小票。

1. 收银员阿姨为什么要给购物小票？
2. 美妞妈妈为什么要去开发票？

富爸爸告诉你

1. 会员卡的作用

一些购物场所会办理会员卡。顾客在办理了会员卡之后，就能享受一些会员待遇，比如：在结账时会有相应的折扣或积分，而且到了年底还可以参加相应的会员活动，获得一些小礼品。

2. 购物小票的作用

购物小票是买东西的人维护自身权利的有效凭证，如果你购买的商品出现什么问题，可以凭购物小票及时进行更换。

3. 发票的作用

在购买金额较大的物品时要记得向商家索要发票。像家电这类商品，如果没有在购物时就索要发票，那在使用过程中如果出现问题，就有可能无法保修，这样损失就大了。

FQ动动脑

想一想

为什么在买完东西之后要开发票呢？妈妈通常在购买以下哪些商品后会开发票，哪些不会呢？

物品	是否开发票
图书	
电脑	
矿泉水	
水果	
作业本	
空调	

认一认

下面两幅图中哪一个是购物小票，哪一个是发票？

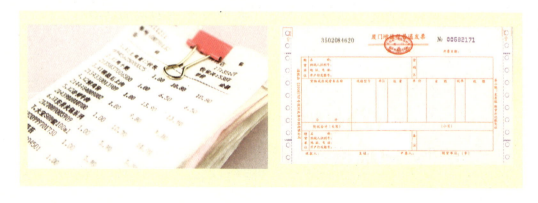

FQ笔记

回家和爸爸妈妈一起体验一下购物的乐趣吧！要记得开发票哦！请收集5种不同的发票贴在这里，并注明它们分别是购买什么商品的发票。

二十一、购物场所我知道

一天晚饭后，妈妈和阿宝聊起了购物的话题。妈妈想考考阿宝，就问道："阿宝，你能说出多少个购物的地方呢？"

阿宝拍拍脑门，说道："这个问题可难不住我，不过我要先想一想。"

　　于是，阿宝开始回忆平时和爸爸妈妈一起去过的购物场所。商场和超市肯定就是购物场所了，对了，还有图书大厦，楼下的24小时便利店也是，还有妈妈常去的农贸市场……想到这儿，阿宝决定回答妈妈的问题。正要开口说话的时候，他忽然想起了妈妈常去的购物网站，这些网站都在电脑里，但是也可以买到各种各样的东西，那这是不是购物场所呢？阿宝向妈妈提出了自己的疑问，妈妈鼓励他去向富爸爸请教这个问题。

你还知道哪些购物场所呢？

我们可以在很多地方买到需要的商品，但是在不同的地点，商品的价格是不相同的，要想以最优的价格买下需要的商品，还是应该多去几个地方，对比一下商品的价格。

FQ动动脑

你认为什么时候去购物可以买到又好又便宜的商品呢？

_____

_____

_____

_____

_____

连一连

你知道我们身边的超市和商场都是来自哪里的吗？现在就来连连看吧。

 家乐福 　　　　　　中日合资

 沃尔玛 　　　　　　法　　国

 华堂商场 　　　　　中国北京

 易初莲花 　　　　　美　　国

 物美 　　　　　　　泰　　国

想一想

1. 回家问问爸爸妈妈平时都去哪些地方购物？

2. 为什么大人们购物时喜欢货比三家？

_____

_____

_____

_____

请将下表中各类购物场所的特点填写完整。

各类商店	特　　点
农贸市场	果菜新鲜，价格便宜，可讨价还价
便利店	
百货商店	
专卖店	
超市	